Tracy Nelson Maurer
Traducción de Sophia Barba-Heredia

ÍNDICE

Bocas de algodón 3
Glosario 22
Índice analítico 24

Un libro de El Semillero de Crabtree

Apoyos de la escuela a los hogares para cuidadores y maestros

Este libro ayuda a los niños en su desarrollo al permitirles practicar la lectura. Abajo están algunas preguntas guía para ayudar al lector a fortalecer sus habilidades de comprensión. En rojo hay algunas opciones de respuesta.

Antes de leer:

- ¿De qué pienso que tratará este libro?
  - *Pienso que este libro es sobre serpientes con algodón en sus bocas.*
  - *Pienso que este libro es sobre serpientes peligrosas.*
- ¿Qué quiero aprender sobre este tema?
  - *Quiero aprender dónde viven las serpientes boca de algodón.*
  - *Quiero aprender si muerden a la gente.*

Durante la lectura:

- Me pregunto por qué...
  - *Me pregunto por qué son llamadas bocas de algodón.*
  - *Me pregunto por qué también son llamadas mocasín de agua.*
- ¿Qué he aprendido hasta ahora?
  - *Aprendí que las serpientes bocas de algodón pueden nadar.*
  - *Aprendí que cazan en la noche.*

Después de leer:

- ¿Qué detalles aprendí de este tema?
  - *Aprendí que las bocas de algodón comen insectos, ratones, peces y pájaros.*
  - *Aprendí que cuando vea a una serpiente debo alejarme despacio y darle espacio para que escape.*
- Lee el libro de nuevo y busca las palabras del vocabulario.
  - *Veo la palabra* **víboras** *en la página 3 y la palabra* **escamas** *en la página 10. Las demás palabras del vocabulario están en las páginas 22 y 23.*

BOCAS DE ALGODÓN

Las boca de algodón son **víboras**. Las víboras muerden con **veneno** mortal.

Una serpiente boca de algodón **alarmada** abre mucho la boca. Esto significa «¡Vete!».

Su boca parece rellena de esponjoso algodón blanco, pero sus **colmillos** pueden matar.

Las boca de algodón viven cerca del agua. Nadan bien.

Las boca de algodón nadan manteniendo su cabeza en alto.

Las boca de algodón son también llamadas mocasín de agua.

Las boca de algodón adultas tienen **escamas** negras en la espalda.

La cabeza de las boca de algodón tiene forma de **triángulo**.

Sobre cada ojo tienen una escama dura, como si fuera una capucha.

Las boca de algodón cazan principalmente de noche.

Comen insectos, ratones, peces, pájaros e incluso otras serpientes.

Las boca de algodón solo muerden a las personas que están muy cerca.

Si ves a una serpiente, aléjate lentamente. ¡Dale espacio para que escape!

Glosario

alarmada: Alarmada significa que se siente asustada o amenazada.

colmillos: Los colmillos son dientes largos y filosos.

escamas: Las escamas son piezas de piel pequeñas y duras que cubren el cuerpo de reptiles y peces.

triángulo: Un triángulo es una forma con tres lados.

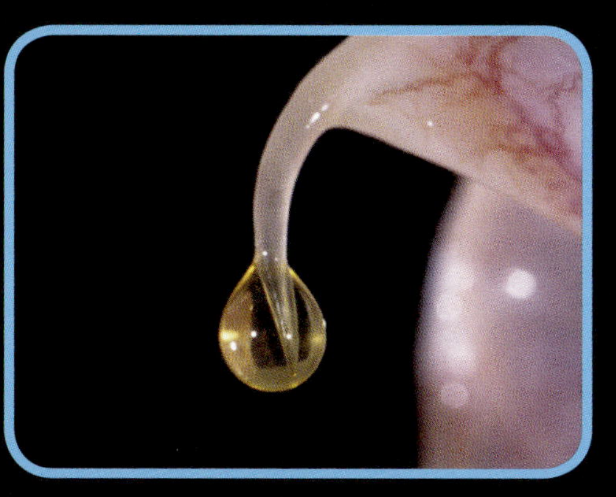

veneno: El veneno es una ponzoña pasada a través de una mordida o picadura

víboras: Las víboras son serpientes venenosas.

Índice analítico

agua: 6, 9
colmillos: 5
escama(s): 10, 14
muerden: 3, 20
veneno: 3
víboras: 3

Acerca de la autora

Tracy Nelson Maurer

Tracy Nelson Maurer ha escrito más de 100 libros para lectores jóvenes. Vive en Minnesota, donde hace mucho frío para la mayoría de las serpientes peligrosas.

Sitios Web (en inglés):

https://kids.nationalgeographic.com/explore/nature/super-snakes
https://animals.net/cottonmouth

Written by: Tracy Nelson Maurer
Designed by: Jennifer Dydyk
Editor: Kelli Hicks

Translation to Spanish: Sophia Barba-Heredia
Spanish-language layout and proofread: Base Tres
Print and production coordinator: Katherine Berti

Photographs: mask for snakeskin graphic on cover and pages © shutterstock.com/Merydolla; yellow triangle with snake graphic © Top Vector Studio/Shutterstock; Cover photo: © Jason Patrick Ross/Shutterstock; page 3 © Dennis W Donohue/Shutterstock; page 5 © Wirepec/istock; page 7 © Joe Farah/Shutterstock; page 9 © jo Crebbin/Shutterstock; page 11 © cturtletrax/istock; page 13 © Marc1919/Shutterstock; page 15 © Rob Hainer/Shutterstock; page 17 © Samuel Brown | Dreamstime.com; page 19 © Brandy Mcknight | Dreamstime.com; page 21 © tome213; page 22 (middle photo) © Akarat Duangkhong | Dreamstime.com; page 23 (middle photo) © Joe McDonald/Shutterstock

Library and Archives Canada Cataloguing in Publication
Title: Bocas de algodón / Tracy Nelson Maurer ; traducción de Sophia Barba-Heredia.
Other titles: Cottonmouths. Spanish
Names: Maurer, Tracy Nelson, 1965- author. | Barba-Heredia, Sophia, translator.
Description: Series statement: Serpientes peligrosas | Translation of: Cottonmouths. | Includes index. | "Un libro de el semillero de Crabtree". | Text in Spanish.
Identifiers: Canadiana (print) 20210251158 |
Canadiana (ebook) 20210251166 |
ISBN 9781039619319 (hardcover) |
ISBN 9781039619371 (softcover) |
ISBN 9781039619432 (HTML) |
ISBN 9781039619494 (EPUB) |
ISBN 9781039619555 (read-along ebook)
Subjects: LCSH: Agkistrodon piscivorus—Juvenile literature.
Classification: LCC QL666.O69 M3818 2022 | DDC j597.96/3—dc23

Library of Congress Cataloging-in-Publication Data
Names: Maurer, Tracy Nelson, 1965- author.
Title: Bocas de algodón / Tracy Nelson Maurer ; traducción de Sophia Barba-Heredia.
Other titles: Cottonmouths. Spanish
Description: New York : Crabtree Publishing, [2022] | Series: Serpientes peligrosas - un libro el semillero de Crabtree | Includes index.
Identifiers: LCCN 2021029688 (print) |
LCCN 2021029689 (ebook) |
ISBN 9781039619319 (hardcover) |
ISBN 9781039619371 (paperback) |
ISBN 9781039619432 (ebook) |
ISBN 9781039619494 (epub) |
ISBN 9781039619555
Subjects: LCSH: Agkistrodon piscivorus--Juvenile literature.
Classification: LCC QL666.O69 M37818 2022 (print) | LCC QL666.O69 (ebook) | DDC 597.96--dc23
LC record available at https://lccn.loc.gov/2021029688
LC ebook record available at https://lccn.loc.gov/2021029689

Crabtree Publishing Company
www.crabtreebooks.com 1-800-387-7650

In Canada: We acknowledge the financial support of the Government of Canada through the Canada Book Fund for our publishing activities.

Published in the United States
Crabtree Publishing
347 Fifth Avenue, Suite 1402-145
New York, NY, 10016

Published in Canada
Crabtree Publishing
616 Welland Ave.
St. Catharines, Ontario L2M 5V6

Printed in the U.S.A./092021/CG20210616